少年儿童探索百科

海洋
那些重要的事

蒋庆利 主编

为儿童量身打造的海洋探索百科

吉林出版集团股份有限公司 | 全国百佳图书出版单位

走进海洋的世界

海洋和人类

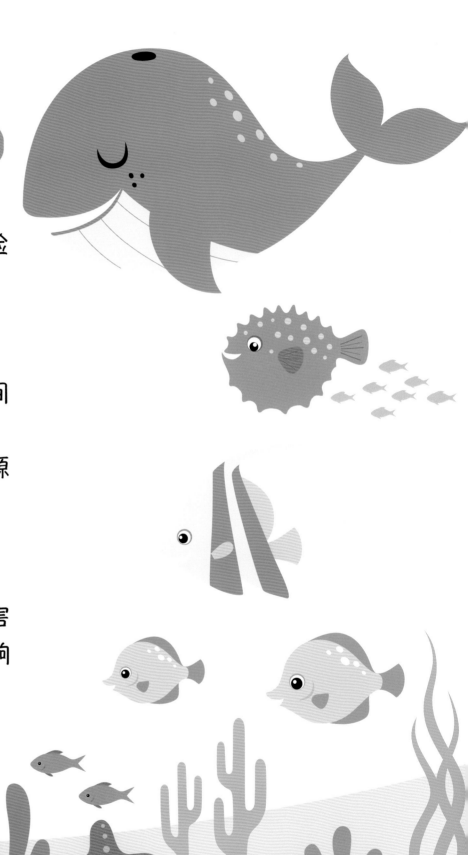

走进海洋的世界

因为海洋的面积约占地球面积的 71%，所以地球也被称为"水球"。陆地和海洋都是人类十分重要的家园，海洋中也有许多美丽的生物，现在让我们一起走进海洋的世界，深入了解一下海洋吧！

海洋的形成

海洋不是原本就存在于地球上的，它也是经过不断发展变化而来的。

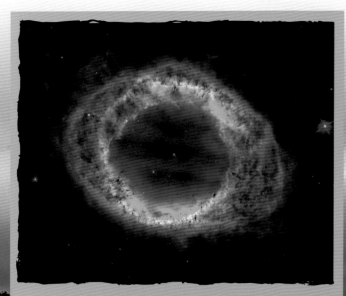

地球的形成

约 50 亿年前，从太阳星云中分离出的星云团块在运动中互相碰撞，逐渐形成原始地球。

地球升温

星云团块在运动碰撞时会急剧收缩，加之内部放射性元素蜕变，使原始地球内部温度不断升高。

岩石圈
地壳和上部最坚硬的地幔

软流圈

上地幔

下地幔

外核

液体

内核

固体

地球内部结构

地球内部温度达到一定高度后，内部物质开始熔解。重者下沉集中，形成地核；轻者上浮，形成地壳和地幔。

成云致雨

在高温和地心引力的作用下，水汽凝结成核，变成水滴降落。

形成海洋

由于冷却不均，空气对流剧烈，形成了雷电、暴雨。暴雨不断汇聚，加之其他因素产生的水汽一起形成了原始的海洋。

是海还是洋

我们一直都在说"海洋"，那到底是"海"还是"洋"呢？

我是"海"

"海"位于洋的边缘，是指与洋相连接的水域部分，可分为内陆海、内海和边缘海三部分。

中国的内陆海有渤海。

内陆海是指被大陆或岛屿包围，只能通过海峡与大洋连接的水域。

加勒比海是最大的内海。

内海是四周被陆地或岛屿包围，只有狭窄的水道和大洋沟通的海。

白令海以及中国的东海、南海是亚洲三大边缘海。

边缘海是指位于大陆边缘，被岛屿与大洋分开，通过水道或海峡与大洋连接的海域。

马尔马拉海是世界上最小的海，平均深度不足 500 米。

我是"洋"

"洋"是海洋的中心，是地球上十分广大的水域，世界上一共有太平洋、印度洋、大西洋、北冰洋、南冰洋这五大洋。

我从寒带跨越到了热带。

太平洋是世界上最大最深的洋。

我被赤道分为南大西洋和北大西洋两部分。

大西洋是世界第二大洋，其海平面呈"S"型。

我的海岸线有 41339 千米长。

印度洋是世界第三大洋，其深度居第二，仅次于太平洋。

北冰洋位于地球的最北端，是大洋中最小最冷的一个。

我的面积只有太平洋的十四分之一。

南冰洋也被称为南极海，是 2000 年确定的独立的大洋。

我是世界上唯一一个完全环绕地球却没有被大陆分割的大洋。

海水从哪里来

宇宙中的一切事物都会引起我们的思考，海水的来源也是。聪明的科学家们经过不断探索，找到了这个问题的答案。

海水的来源

原始地球的内部岩浆和火山喷发带来水汽。

彗星撞击地球时带来大量的水分。

地球上的含水岩石产生了水源。

淡化盐水

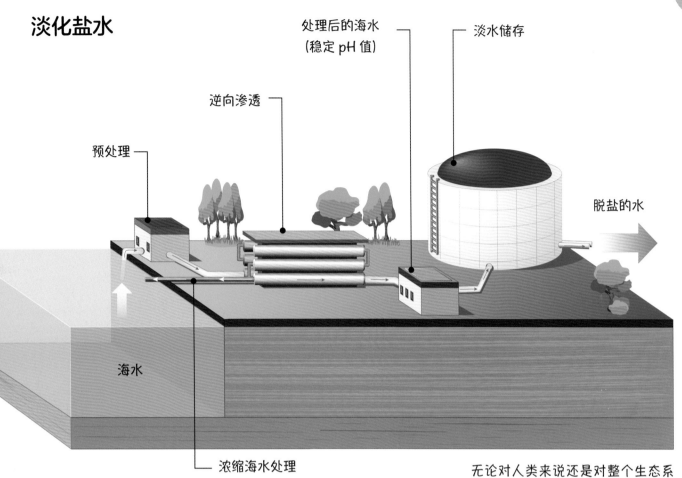

预处理

逆向渗透

处理后的海水
（稳定 pH 值）

淡水储存

脱盐的水

海水

浓缩海水处理

无论对人类来说还是对整个生态系统来说，海水都是十分重要的，它不仅是淡水的重要来源，还会影响天气系统。

海水是重要的养料。海水中含有大量的钾元素，能够制成钾肥，促进植物和农作物健康生长。

利用海水中的钾元素还能制成肥皂、明矾等洗涤剂、净化剂。

海的味道

我们平常喝的饮用水都是无味的，但海水却是咸咸的，这是为什么呢？

海水为什么是咸的呢？

海洋中的水分子蒸发成云，然后降雨回到地表，不断溶解地表盐分，被溶解的盐分随着水流一起进入大海。同时海底发生的火山爆发等地质活动，也会产生一部分盐分。

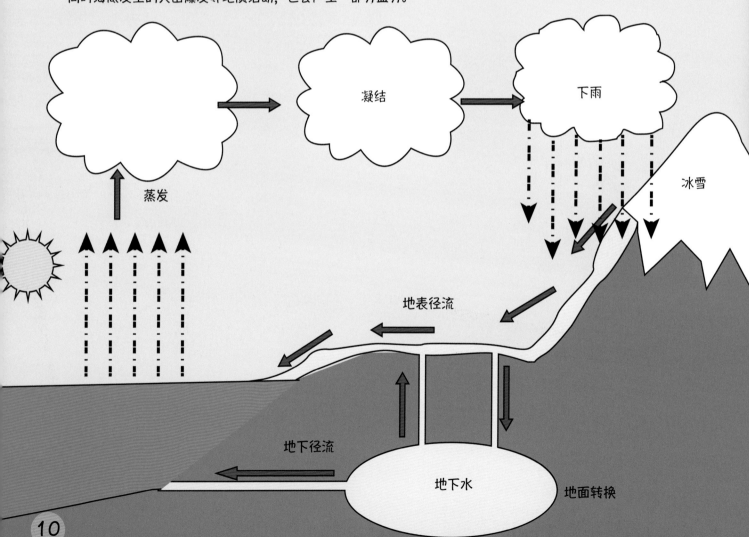

你知道吗？

海水并不是一直都是咸的，最初的海水受火山喷发产生的二氧化硫气体影响，呈酸性。

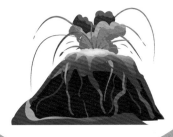

不要喝海水哦！

饮用海水会使我们身体盐分过多，细胞失水，对我们的健康有很大危害。

海水中的盐分十分丰富，部分食盐就是从海水中提炼出来的。

11

大海的颜色

当我们捧起海水时，会发现它是透明无色的，但看整个海洋时，它却是蔚蓝色的，这是为什么呢？

海水的颜色是太阳光和海水之间通过反射作用形成的。波长较长、穿透力较强的光容易被海水吸收，而波长较短的蓝光穿透能力弱，使大海呈现蓝色。

海洋为什么不是紫色的?

　　紫光的波长也很短，散射能力强，为什么海水不呈紫色？因为人们对紫色光线的感知不如对蓝光敏感，所以我们看到的海洋是蓝色的，不是紫色的。

靠近陆地的海洋，颜色呈偏蓝绿色。

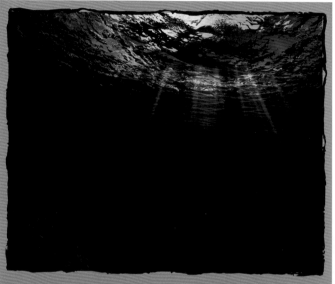

海洋的中心呈蔚蓝色，较深的区域呈深蓝色或者黑色。

红海的颜色

　　红海的海水清澈透明，大部分时间都是蔚蓝色的。但由于红海温度较高，适合生物生长，海水表层繁殖着大量的红色海藻，所以海水有时也会被映照成红色。

海水的下面是什么

海水的最下面并不是海水，它也像陆地一样，有各种各样的地形。

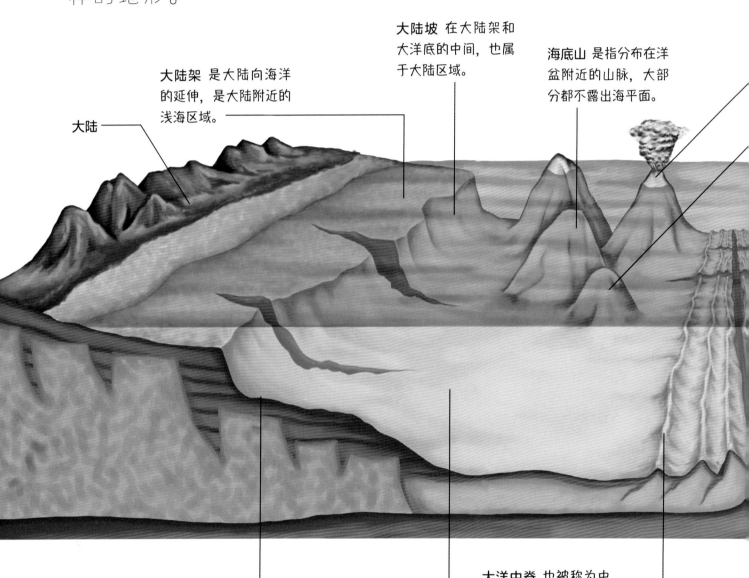

大陆坡 在大陆架和大洋底的中间，也属于大陆区域。

海底山 是指分布在洋盆附近的山脉，大部分都不露出海平面。

大陆架 是大陆向海洋的延伸，是大陆附近的浅海区域。

大陆

大陆隆 是大陆坡和深海平原的"桥梁"，从大陆到深海坡度递减。

深海平原 处于大陆隆和深海平原之间，其最深处可达6000米左右。

大洋中脊 也被称为中隆，是贯穿大洋、成因相同、特征相似的巨大海底山系。

裂谷 是地壳运动的产物。

探究海水深处

20 世纪 20 年代，德国"流星"号海洋考察船在考察南大西洋时，首次揭示了海水下面的世界。海水下面也有高耸的海山、深不见底的海沟、宽阔的平原等。

火山岛 由火山喷发带来的物质堆积而成，主要分布在环太平洋地区。

深海丘陵 位于大洋底部，主要分布在大洋盆地，可高出深海平原约 1000 米。

海底峡谷 主要分布在大陆架上。

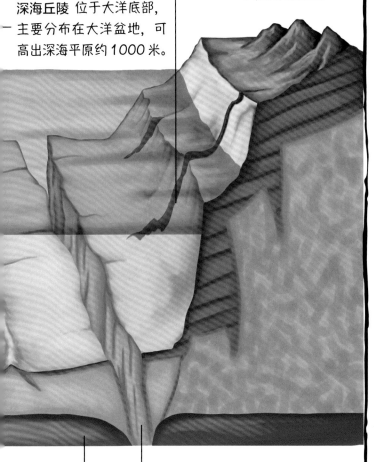

岩浆 火山喷发带来的熔融物质。

海沟 指位于海洋中的狭长、陡峭、水深大于 5000 米的沟槽。

世界上最高的山

莫纳克亚山是夏威夷的一座死火山，我们肉眼可见的高度约为 4000 米，但有 6000 多米的山在海底，总高度世界最高。

深海平原

地幔上升带来的硅镁带形成新的地壳，加上沉积物堆积，形成深海平原。

海岸线的变迁

海岸线是海洋与陆地的交界线，是海水涨潮最高时所到达的界线。

海岸线会变吗？

海岸线并不是一成不变的，受各种因素的影响，会出现海岸线后退或前移等现象。

我国的天津市在大约2000年前还是一片汪洋大海，现在已经变成了繁华的都市。

海岸线的变化主要受地壳运动和冰川的影响。

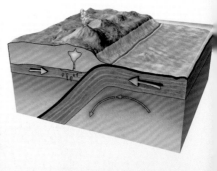

海岸线的形状并不是全部一样的，它们有的弯弯曲曲，有的呈一条直线。

海岸线不仅具有重要的生态功能，也是重要的经济发展区域，我们应该加强对海岸线的保护。

海风与海浪

　　海风与陆风相对，是指从海洋吹向陆地的风。海风也会带来海水的波动，产生海浪。

海风

白天陆地比海洋气温高，空气受热上升，气压变小，风从海洋吹向陆地。

陆风

晚上海洋比陆地气温高，风从陆地吹向海洋。

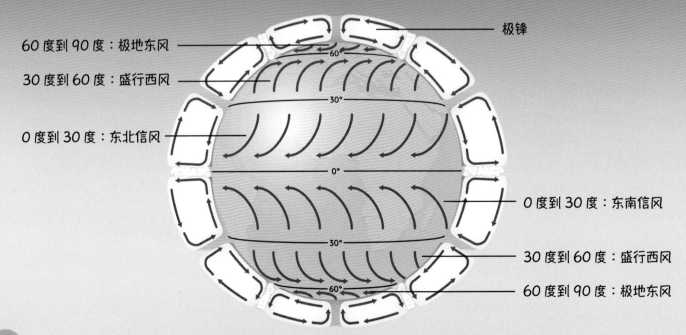

极锋

60度到90度：极地东风

30度到60度：盛行西风

0度到30度：东北信风

0度到30度：东南信风

30度到60度：盛行西风

60度到90度：极地东风

在热带信风带和西风带之间还有无风带，这一区域在赤道附近，也被称为赤道无风带。处在赤道无风带的轮船有可能会出现被困的局面。

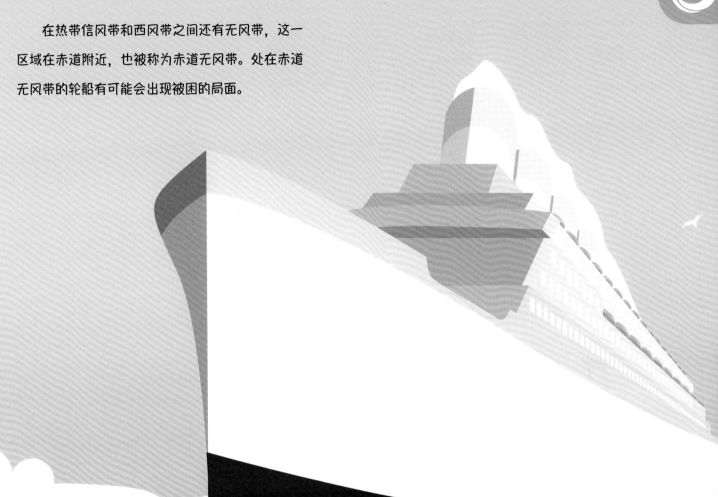

美国阿拉斯加的李杜牙湾曾出现过高达520米的巨浪，是迄今为止最高的海浪。

海市蜃楼真奇妙

海市蜃楼出现的地点有很多，海面、沙漠、城市、戈壁中都会出现，这是一种光学现象。

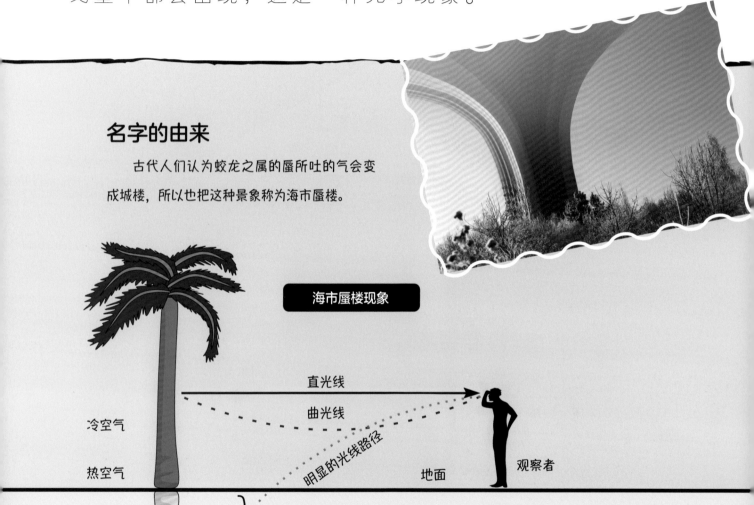

名字的由来

古代人们认为蛟龙之属的蜃所吐的气会变成城楼，所以也把这种景象称为海市蜃楼。

海市蜃楼现象

冷空气

热空气

直光线

曲光线

明显的光线路径

地面

观察者

海市蜃楼

热表面

是如何产生的？

海市蜃楼是在光的折射、反射作用下而形成的一种自然现象，是一种虚幻的成像。

东西方不同的蜃景

在西方神话中，一般认为蜃景是妖魔的化身，把它看成是不祥的象征。而在我国，则认为这是一种仙境。

蜃景的特点

蜃景一般会在同一个地点多次出现，出现的时间也都是特定的。

你知道吗？

中国广东的惠来是蜃景的多发地，早在 1957 年 3 月 19 日，就曾出现过长达五六个小时的蜃景。

海市蜃楼的种类

根据蜃景与原物的位置可分为上蜃、下蜃、侧蜃。

根据颜色可以分为彩色蜃景和非彩色蜃景。

根据对称关系可以分为正蜃、侧蜃、顺蜃和反蜃。

海洋的"脾气"

海洋并不都是风平浪静的，它有时也会掀起波浪，变得很危险。

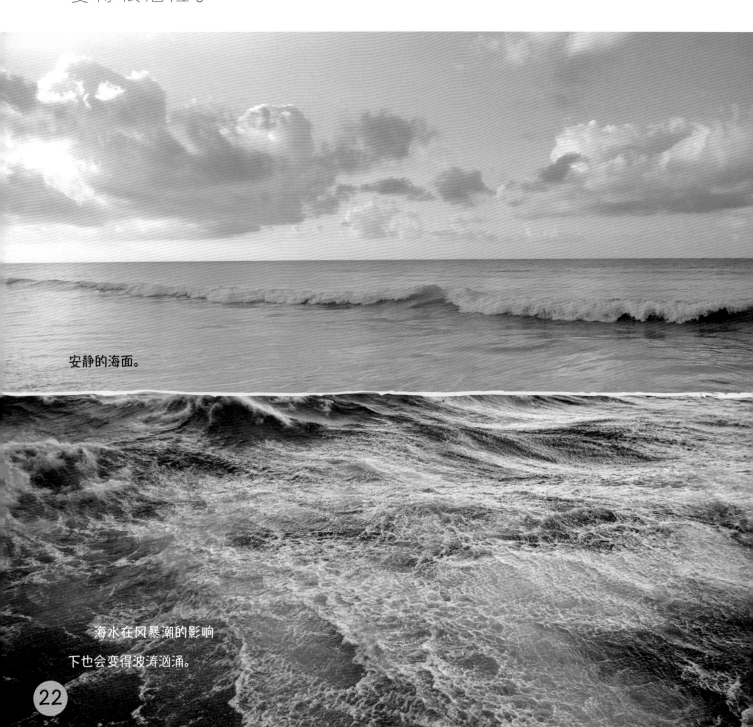

安静的海面。

海水在风暴潮的影响下也会变得波涛汹涌。

在狂风暴雨的天气下，
海洋也会受到影响。

你知道吗？

在大西洋和太平洋的交界处有一片神奇的海洋，它发起"脾气"来会把海水分成两半，无法融合。两个大洋的海水之间有一条明显的分界线，海水的颜色、水质等大不相同。

受风向的影响，上一秒平静的海洋，下一秒也可能会掀起巨浪。

海水的运动

海水不是静止的，而是一直处于运动之中的，它主要的运动形式有洋流、波浪、潮汐三种。

洋流

洋流是受海风和热盐效应引起的大规模海水运动，按照洋流的成因，可分为密度流、风海流和补偿流三种。

波浪

波浪是海水受海风和气压的影响，发生上下前后方向的运动所形成的。

波浪不是随便运动的，它是一种有规律的周期性起伏运动。

洋流对气候的影响

墨西哥湾暖流和北大西洋海水的冷热交汇运动，引起异常的天气变化。

红色标为墨西哥湾暖流，蓝色标为北大西洋海水。

你知道吗？

北海道渔场是受日本暖流与千岛寒流交汇影响形成的。

纽芬兰渔场是受墨西哥湾暖流与拉布拉多寒流交汇影响形成的。

海底的潮汐波涡轮机，可以为人类带来巨大的能源。

潮汐

潮与汐是两种不同的海水运动，白天发生的称为"潮"，晚上发生的海水运动称为"汐"。

神奇的海洋景观

　　海洋世界是神奇且富含奥妙的，充满着让我们叹为观止的景观。

当蓝色的天空遇见蓝色的海洋，你能找到它们的分界线吗？

鱼儿在成群结队地游行。

落日余晖中一望无际的海岸线。

死海中的海盐成为它新的海岸线。

照射进深海中的阳光。

探秘潮涨潮落

海洋是有自己的运动规律的，它每天也会潮涨潮落。

潮汐

低潮

高潮

太阳和月球对海水的引力作用是产生潮汐的主要原因。

月亮

当海洋背对月亮时，月亮将地球拉近，会引起背面的海水上涨。

当海洋面对月亮时，月亮对海洋的引力作用会变大，使得海水上涨。

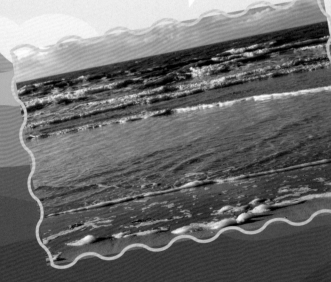

受月球公转和地球的影响，一个潮汐的涨落时间约为 12.5 小时，所以海水每天基本涨落两次，不过也有涨落一次的。

你知道吗？

钱塘江大潮一般发生在每年的农历八月十六到八月十八这几天，因为这时候太阳、地球和月球几乎在同一直线上，海水所受的引潮力最大。

钱塘江大潮

钱塘江大潮是在天体引力、地球离心作用以及喇叭状的钱塘江口等因素综合作用下形成的。

海洋之最

　　海洋是广袤无垠的，我们不可能完全掌握它。但经过人类不断地探索与努力，我们对它们也并不是一无所知。

　　波罗的海是由冰川退去的洼地形成的海洋，水质较好。它与外海的通道较浅，高盐度的海水不易进来，而且四周有大量的淡水不断注入，蒸发也较弱，所以盐度较低。

最淡的海

　　波罗的海是世界上含盐度最低的海域，只有0.7%至0.8%。

你知道吗？

　　地中海是最古老的海洋之一，也是最大的陆间海，地中海沿岸区域更是人类古文明的发源地之一。

最大的海湾

孟加拉湾位于赤道的北部，西面与印度半岛相邻，是属于印度洋的海湾。

最长的海峡

莫桑比克海峡是马达加斯加岛与非洲大陆在地壳运动中分离断裂时，岛的西部下沉形成的海峡。

最清澈的海

马尾藻海海面上生长着许多马尾藻，远远望去就像一片草原。这片海域十分清澈透明，可清楚看到水深 66 米处的景象，是世界上最清澈的海。

最脏的海

地中海邻边国家的 58 个石油港口每年装卸石油时都会给它造成极大的污染，而且每年地中海接收的废水高达 35 亿立方米，固体垃圾竟有 1.3 亿吨，这使得地中海变成最脏的海。

大堡礁

大堡礁是世界上最大的一个珊瑚礁群，有大约 2900 个珊瑚礁岛，400 多种不同的珊瑚礁。

大堡礁位于南半球，从北端的托雷斯海峡到南回归线以南，长达 2011 千米。

大堡礁如何形成的？

大堡礁不是人工造就的，而是由珊瑚虫们这些"工程师"建筑的。死亡的珊瑚虫留下它们的石灰质骨骼，不断堆积的骨骼连同其他种类海洋生物的残骸凝结在一起，形成一座座珊瑚礁。

大堡礁的生物

大堡礁海域生活了1500多种鱼类，其中包括雀鲷、狮子鱼、天使鱼、石鱼、鹦鹉鱼等。

黄尾雀鲷呈椭圆形，大约有9厘米长，有较强的领地行为。

天使鱼是一种观赏性很高的热带鱼。

我被誉为"观赏鱼皇后"。

你知道吗？

大堡礁于1981年被列入世界自然遗产名录。但近几十年由于受到人为破坏、环境污染以及气候变化等因素的影响，大堡礁中的珊瑚出现了死亡和白化等现象。

大堡礁的水域

大堡礁共有630个岛屿，其中比较出名的岛屿有蜥蜴岛、绿岛、海伦岛、磁石岛等。

浅海和海滨

　　浅海是指水深较浅，一般不足 500 米的区域，海滨是指与海相邻的陆地。这些浅海地带阳光充足，沉积物丰富，生活的物种也比较多，是极其重要的海洋区域。

富饶的水域

　　浅海有大量的沉积物质和侵蚀物质，所以浅海区域的资源十分丰富。

浅海矿产资源

　　浅海矿产资源主要是石油、天然气、砂矿等。

浅海渔场

　　浅海区域有适合鱼类生长的阳光和食物，所以形成了许多具有价值的渔场。

珊瑚礁

　　浅海区域阳光充足，沉积物质丰富，生活的浮游生物也比较多，孕育了许多珊瑚礁。

海床上不仅生活着各种生物，也有各种各样的礁石，为一些无脊椎生物提供依附地，同时也为动物提供庇护所。

火焰贝像一个生活在岩缝中的霓虹灯，贝壳呈红色，壳周围有许多触手。

海床

在浅海区域，阳光可以直接照射到海床上，使得各种生命蓬勃生长。

海星

海星是一种身体呈五角形的动物，它能通过皮肤来呼吸。

海星并不是固定不动的，它既可以粘附在礁石上，也可以随意爬行。

海星有大有小，小的约为 2.5 厘米，大的可达 90 厘米，约为一个三岁的小朋友的身高。

海星能够通过周围的光线改变自身的颜色以迷惑和躲避敌人。

海星身体上有许多充当眼睛的微小晶体，海星可以通过它们及时观察周围的信息。

海星有超强的再生能力，即便被撕成几块，每个碎块也都能长出失去的部分。

五颜六色的海星好漂亮呀！

长寿的海葵

虽然"海葵"这个名字听起来像花朵一样可爱，但其实它是一种食肉性动物。

海葵与向日葵

当海葵张开它的"花瓣"时，就像一朵盛放的向日葵，其名字也由此得来。

海葵的寿命甚至比海龟还要长，有的海葵的年龄竟然可达1500岁至2100岁。

海葵有很强的攻击性，它的"花瓣"，即它的几十条触手，都有能释放毒素的特殊细胞。

海葵的底部能够分泌一些黏液，帮助自己把身体固定在礁石、贝壳等物体上。

当海葵受到攻击时，就会把身体缩成一个小球。

海葵虽然有攻击性，但也有包容性，它会与小丑鱼、小虾、寄居蟹等生物共生。

海参

海参不仅是生活在海洋中的动物，也是一味珍贵的药材。

海参被称为"海洋活化石"，是地球上现存最早的生物物种之一。

海参被列为世界八大珍品之一，也是名贵的药材，它能够补肾、益精髓。

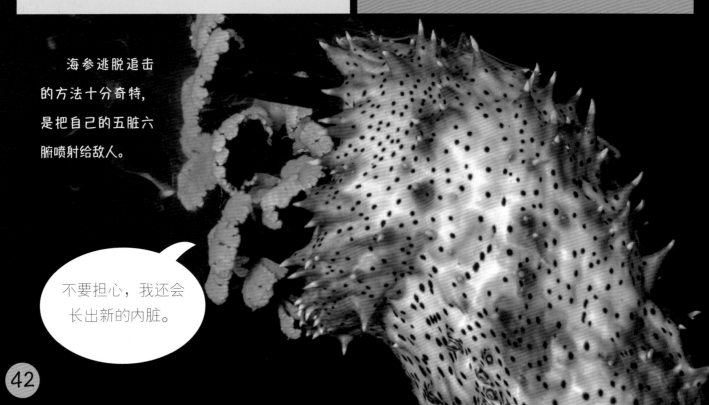

海参逃脱追击的方法十分奇特，是把自己的五脏六腑喷射给敌人。

不要担心，我还会长出新的内脏。

当水温升高到 20℃左右时，海参就把
身体萎缩起来，躲到深海夏眠。

海参身体的颜色能够随着居住环境的变化而变化，
可以借此躲避天敌。

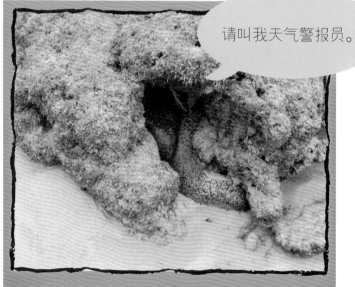

请叫我天气警报员。

海参还可以预测天气，当风暴来临前，它会躲进石
缝中。渔民可以借此提前了解海上的风暴情况。

海洋清洁工

陆地上有每天辛勤打扫的清洁工人，在海洋中也有清洁工，它就是清洁虾。

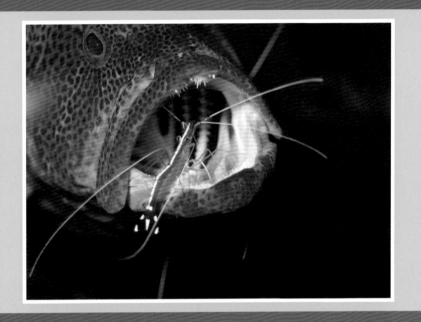

清洁虾也被称为医生虾，是清洁海生动物的寄生虫或坏死物的虾，其名也由此而来。

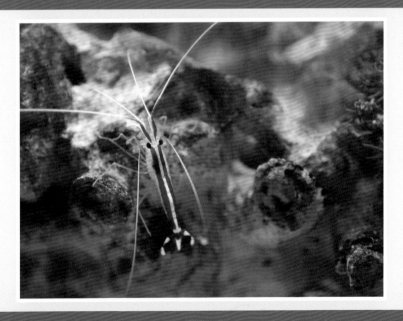

清洁虾的外表十分靓丽，颜色也很鲜艳，它的背部是红色的，中间有一条白色的线。

清洁虾的触角是剪刀状的。

骆驼虾是清洁虾的堂兄弟，它也被称为糖果虾、跳舞虾，主要猎捕珊瑚为食。

与人类的趣事逸闻

　　一位英国男子在潜水时脱掉呼吸罩，模仿鱼类张开嘴巴，清洁虾就游到男子身边，帮助他清理干净了牙齿上的残渣。

会发光的水母

　　水母是一种很漂亮的浮游生物，它出现在地球上的时间比恐龙还要早，可以追溯到 6.5 亿年前。

水母的外形既像蘑菇，也像一把透明的伞。

水母身体的主要成分是水。

水母的触手上布满了毒细胞，能够喷射有毒的液体，这是它强有力的攻击武器。

为什么会发光

水母身体中含有一种遇到钙离子就能发出蓝色光的蛋白质，蛋白质的数量越多，水母发出的光芒就越强烈。

杀手水母

箱水母和曳手水母的毒性很强，如果被它们刺到且不能及时救治的话，在几分钟之内就会死亡，因此它们又被称为"杀手水母"。

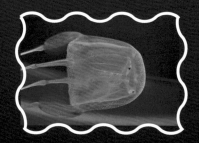

水母的天敌

棱皮龟是水母的天敌之一，它可以自由地在水母中穿梭，咬断它们的触手，让它们无法攻击。

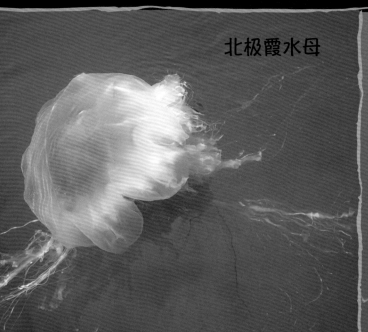

北极霞水母

太平洋海刺水母

海绵

海绵是一种最原始的多细胞生物，诞生于2亿年之前，现在已经繁衍了1万多种，是一个庞大的家族。

海绵不能直立行走，只能依附在其他物体上生存。

海绵受伤后，不会产生新的细胞愈合伤口，而是让身体里的旧细胞移动到受伤的部位。

孔状海绵

海水流经这些小孔，会把我身上的脏东西冲走。

橙扇海绵

我和扇子长得很像哦！

象耳海绵

你能分得清我和大象的耳朵吗？

海绵的颜色是五彩斑斓的，这是因为它们体内的藻类是多种多样的。

变色的珊瑚

　　在海洋中有着许多色彩斑斓的珊瑚，它们是海中一处美丽的风景。

你能分得清我和鹿角吗?

鹿角珊瑚

蘑菇珊瑚

我是长在海里的小蘑菇。

管风琴珊瑚

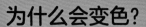

为什么会变色?

　　由于在珊瑚的成长过程中吸收的物质以及体内蕴含的元素不尽相同,所以它们的颜色也五彩斑斓。

珊瑚的价值

　　珊瑚的外形很像树枝,所以常被用来做观赏物,同时珊瑚也是珍贵的药材。珊瑚还能保护海岸,具有较高的生态价值。

浮游动物

　　海洋中生活着许多浮游动物，它们以浮游植物为主要食物来源，游泳能力微弱，不能抵抗海水的流动，只能随着水流漂移。

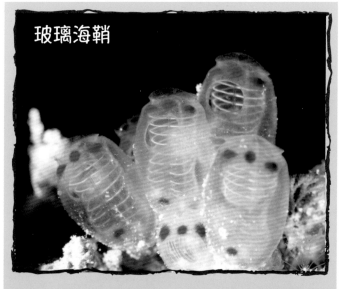

玻璃海鞘的被囊是透明的，五脏六腑都可以被看见。

海鞘是一种长相类似壶状或囊状，具有纤维质鞘的一种原索动物。

海鞘形状不一，有的像茄子，有的像花朵，有的像茶壶。

梨形鞭毛虫

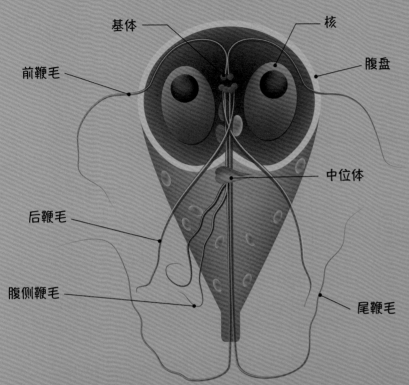

基体 — 核

前鞭毛 — 腹盘

后鞭毛

腹侧鞭毛 — 中位体

尾鞭毛

鞭毛虫

鞭毛虫是一种以鞭毛作为运动细胞器的原虫。

你知道吗？

鞭毛虫可以与白蚁共生，它把白蚁吃进去的木头分解消化，供白蚁吸收，同时它也能吸收养料生存。

磷虾

磷虾是一种无脊椎动物，是许多鱼类的重要食物，也是人类捕捞的对象。

桡足动物

倒立水母

海洋里的"蝴蝶"

大海里有一种像蝴蝶一样五颜六色的鱼，它们的名字就叫作蝴蝶鱼。

蝴蝶鱼的体形呈菱形或者椭圆形，颜色大都十分鲜艳。

蝴蝶鱼属于日行鱼，白天捕食、繁衍后代，晚上在洞里休息。

耳带蝴蝶鱼

耳带蝴蝶鱼具有较强的耐寒能力，多生活在温度较低的水域，是一种观赏鱼。

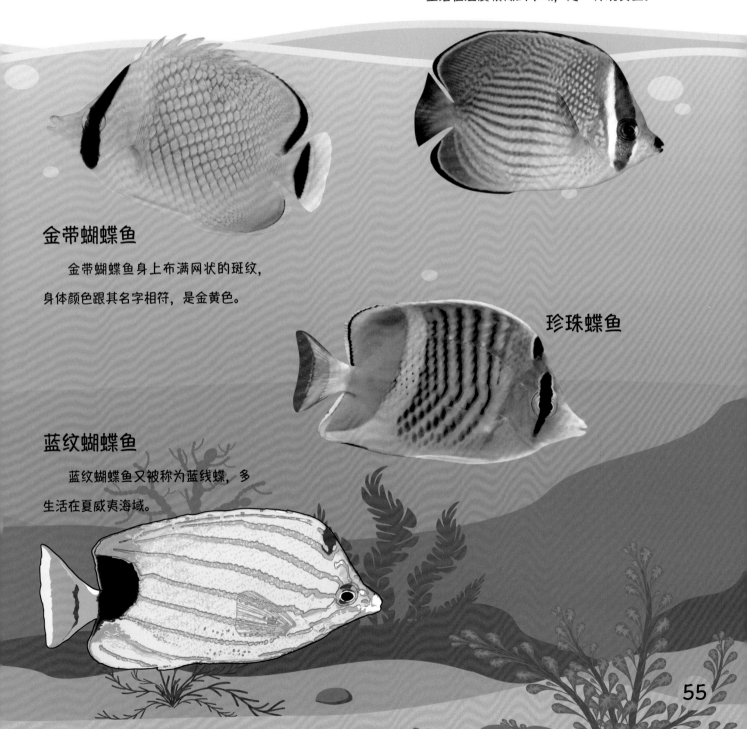

金带蝴蝶鱼

金带蝴蝶鱼身上布满网状的斑纹，身体颜色跟其名字相符，是金黄色。

珍珠蝶鱼

蓝纹蝴蝶鱼

蓝纹蝴蝶鱼又被称为蓝线蝶，多生活在夏威夷海域。

会飞的鱼

我们总是认为飞翔是鸟类的特权，其实鱼类中也有会飞的，只是它们飞的高度和时间不能与鸟类相提并论罢了。

飞鱼

飞鱼以能飞而著名，但实际上飞鱼并不是在天空中飞翔。虽然它们看着像是在拍打翼状鳍，但其实是在滑翔。

为什么会飞？

飞鱼胸鳍十分发达，一直到尾部，就像鸟类的翅膀。借助胸鳍，它能够飞出水面十几米，在空中停留时间可长达40秒。

繁衍

飞鱼的卵多挂在海藻上，它非常轻小，表面有呈丝状凸起的膜。

蝠鲼

蝠鲼一般只能跃出水面不足两米。

我只是长得像鸟，其实是一条鱼！

蝠鲼又被称为魔鬼鱼，身体比较扁平，有着像翅膀一样的胸鳍。

这是我的胸鳍，也是我的"翅膀"。

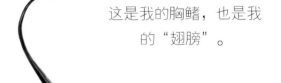

独特的繁衍方式

蝠鲼的繁殖方式与其他鱼类不太一样，它不是产卵繁衍，而是卵胎生殖，而且每次只产下一胎。

五彩斑斓的鱼

世界上共有 3 万多种鱼，它们的形态各有不同，颜色也五彩缤纷。

鱼类的特点

用鳃呼吸

属于脊椎动物

大部分为冷血动物

通过尾部摆动和鳍的协调作用游泳

大部分表面有鳞片

海马是一种奇特的动物，它是由海马爸爸给予生命的，而不是由海马妈妈。

海马

帝王天使鱼

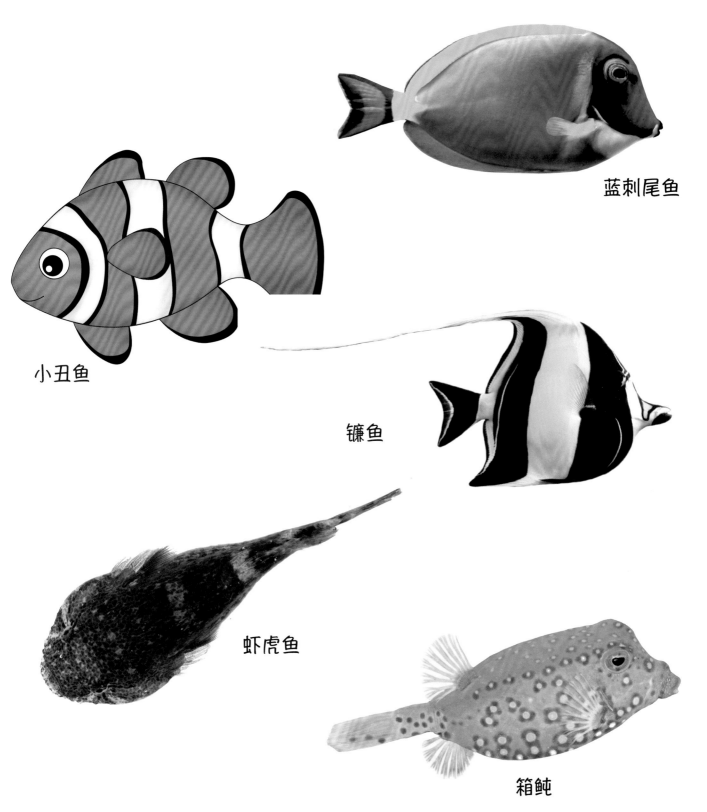

蓝刺尾鱼

小丑鱼

镰鱼

虾虎鱼

箱鲀

你不知道的鱼

生活在海洋里的那么多鱼类中，有很多我们不曾了解的鱼，现在让我们一起来认识一下吧！

白斑笛鲷

吻鼻箱鲀

龙头鱼

带鱼

空棘鱼

我爱吃肉！

大马哈鱼

石斑鱼

虾兵蟹将

虾和螃蟹都种类繁多，虾有 2000 多种，螃蟹约有 4700 种。

棘刺龙虾

它体型巨大，最长可达 85 厘米，像一个两三岁的小朋友那样高。

棘刺龙虾也被称为地中海龙虾，是龙虾中的长寿虾之一，存活时间可长达 100 年，相当于人的寿命。

蜘蛛蟹

蜘蛛蟹因长相像蜘蛛而得名，是一种大型蟹。

蓝色龙虾

罗氏虾

帝王蟹

马蹄蟹

马蹄蟹的学名是鲎，但它其实并不是真正的蟹，因为长得和虾、蟹相像而得此名。

寄居蟹

马蹄蟹沿着沙滩向大海爬行。

鬼蟹

每当海水退潮时，沙滩上都会有许多的螃蟹。

海龟

海龟是一种在海洋中生活，在岸上筑巢繁殖的大型龟类。

海龟的体形一般比较大，其长度可达1米。

据世界吉尼斯纪录，海龟的最高寿命为176岁，是当之无愧的长寿动物。

海龟与陆龟的区别

陆龟的头和四肢都能缩回壳中，但海龟不行。而且海龟的四肢呈船桨形，能够使其更好地在海里自由地游泳。

太平洋丽龟

我是最小的海龟。

玳瑁

玳瑁是唯一能够把玻璃消化掉的海龟。

绿海龟

绿海龟的体形比较大，是一种草食性龟。

蠵龟

海蛇

　　不仅陆地上有各种各样的蛇，在海里也生活着一种蛇，它就是海蛇。

分布区域

　　海蛇主要生活在大洋洲的北部以及南亚的海域中，青灰海蛇、青环海蛇等也生活在温带海域中。

> 我的毒性是氰化钠的 80 倍，是眼镜蛇的 2 倍。

海蛇的毒性

　　海蛇的毒性很强，被海蛇咬伤的人类会在几小时或者几天内死去。

海蛇与眼睛蛇

　　海蛇属于眼镜蛇科动物，它们与眼镜蛇有着亲戚关系，都是带有剧毒的蛇。

喙海蛇

喙海蛇是一种身体较长、体色为白色的海蛇。

长鳍斑点蛇鳗

主要分布在中国台湾等地区，背部为深褐色，侧面有棕色的细小斑点。

青环海蛇

青环海蛇是一种身形细长呈圆筒状的海蛇，以捕食鱼类为生。

极地狩猎者

　　虽然两极地区气温较低，环境恶劣，但生活在这里的狩猎者们都十分勇猛。

北极狐

别看我走路摇摇摆摆，
在水里游行可是十分快哦！

企鹅

驯鹿

北极熊

象海豹的鼻子十分奇特，能够收缩自如。

海豹

南象形海豹

雄性南象形海豹的体重
是一头北极熊体重的 6 倍。

海底世界

　　海洋中生活着许多动物和植物，它们千姿百态、五彩斑斓，让海洋充满了勃勃的生机。现在我们一起去海底世界探寻一下吧！

海洋的深度

　　海洋的深度并不是难以测量的，经过科学家们对海洋的不断探索，我们已经对海洋的深度有了一定的了解。

海洋有多深呢?

　　从人类已经探测到的关于海洋数据中可得知，海洋的平均深度大约为 3700 米。

海洋的分层

　　海洋的深度可大概分为 5 个层次。

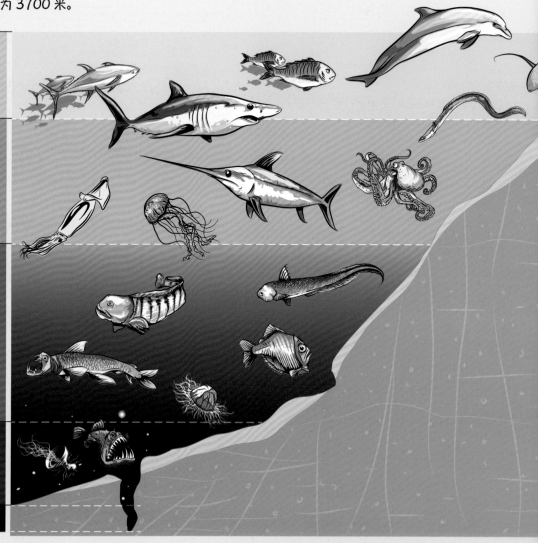

海洋上层，
200 米以上的水域。

海洋中层，
200 米至 1 千米的水域。

海洋深层，
1 千米至 4 千米的水域。

海洋深渊层，
4 千米至 6 千米的水域。

海洋超深渊层，
6 千米以下的水域。

太平洋平均深度将近4000米。

印度洋的平均深度约3840米，最深处为9074米。

大西洋的平均深度约为3600米，最深可达到9000多米。

北冰洋平均深度仅1000多米，最深处也才5500多米。

南冰洋是一个年轻的大洋，它的海洋深度在4000米至5000米。

世界上最浅的海

海洋并不全是深不见底的，也有浅浅的海洋，它的平均深度可能不足十米。

世界上最浅的海是俄罗斯和乌克兰两国的公海——亚速海，其平均深度为 8 米，最深处也仅 14 米左右。

亚速海是一个陆间海，主要有顿河和库班河这两条河流。

因为亚速海水面较浅，阳光比较充足，所以海里生活的生物也比较多，其中鱼类约有80种。

米诺鱼是一种比较纤细的鱼类，身体颜色也五彩斑斓。

鳀鱼资源丰富，营养价值高。

鲂鮄主要生活在温带及暖温带海洋中，是体形较长的在海底栖息的鱼类的统称。

冬季的亚速海

亚速海冬季水温同其他海洋一样，也低于0℃，冰期为两三个月。

世界上最深的海

在世界上的大海中，珊瑚海是最深的一个。

珊瑚海

珊瑚海因拥有大量珊瑚礁而得名，世界上最大的珊瑚礁——大堡礁就处于这片海域之中。

地理位置

地处太平洋西南部海域，东面与太平洋相邻，北面与所罗门海相接，南部连接塔斯曼海。

珊瑚海不仅是世界上最深的海，还是最大的海，其总面积相当于中国国土面积的二分之一。

珊瑚海的水域特征

珊瑚海位于太平洋西南部，靠近赤道，加之受暖流影响，所以水温较高，有利于珊瑚虫的生长。

鲨鱼海

鲨鱼是珊瑚海的特产，经常可以看到成群的鲨鱼游来游去，所以珊瑚海也被称为鲨鱼海。

77

海底草原

海洋植物种类繁多，构成了海底世界的"肥沃草原"。

草原"工程师"

海底草原是大自然的产物，在海底生长的各类植物都是草原的小小"工程师"。

海草

　　海草是一种可以完全生活在水中的植物，主要分布在热带和温带海域中。

世界上大约有 70 种海草，中国现有 22 种。

马尾藻

　　马尾藻是一种主要生长在低潮带岩石中的海藻，茎为三棱形，叶子形状为披针形。

红藻

草原上的"游客"

绿藻

海底森林

不仅陆地上有生机盎然的森林，海底的森林生长得也很茂盛。

海底森林主要由巨藻这种大型褐藻组成。

巨藻最高可以长到 500 米，一般的成熟巨藻为七八十米。

美国加利福尼亚海岸的海域是海底森林的主要生长地。

分布区域

　　海底森林主要分布在从温带到两极的海域中，曾广泛分布在南美洲沿海、新西兰海岸、北美洲西海岸等海域。

巨藻的生长习性

　　寒冷的冬季海水是巨藻生长的必需品。受海水密度的影响，海藻沿直线生长，使身体保持漂浮状态，同时利用附近的海草叶片进行光合作用。

生态价值

　　海底森林有"海洋瑰宝"之称，保护着沿海的生态系统，同时也能为海底生物提供栖息地和食物。

海洋的最深处

在海洋板块与陆地板块碰撞的地方会形成海沟，海沟是海洋中已知的最深处。

马里亚纳海沟的深度大部分在8000米以上，超过了珠穆朗玛峰。

马里亚纳海沟位于北太平洋，是世界上最深的海沟，也是海洋的最深处。

地球的最深处

马里亚纳海沟的最深处是 11034 米的斐查兹海渊，它是地球的最深点。

珠穆朗玛峰

我是地球上最高的哦！

马里亚纳海沟

奇特的生物

马里亚纳海沟处于超深渊区，环境十分恶劣，不适合生物生存。但 2014 年科学家们在海沟里发现了一种奇特的生物——蓑鲉。

海洋猎人

"大鱼吃小鱼，小鱼吃虾米"，海洋中的生存法则的确如此，如果不够强大，就会成为其他鱼儿的餐点。

剑鱼

剑鱼也称"箭鱼"，因吻部向前凸出呈尖锐的剑状而得名。金枪鱼、飞鱼、鱿鱼等都是它的猎物。

剑鱼的上颌坚硬有力，可以将厚达50厘米的木质船底刺穿。

剑鱼的游行速度非常快，时速可达130千米。

金枪鱼

金枪鱼是一种游泳速度非常快的鱼类，它的瞬时速度可以达到160千米每小时。

金枪鱼必须不停游动使水流经鳃部进行吸氧，因此它不断猎食其他鱼类进食来补充体力。

北太平洋巨型章鱼

它们主要在夜晚捕食，有时还会攻击鲨鱼。

这是一种体型很大的章鱼，臂展可达四五米。

石鱼

石鱼的背鳍上长着约 12 根粗大的毒刺，可以抵御天敌的攻击。

石鱼是几种带有毒性的鱼的总称，它们擅长伪装，像石头一样潜伏起来，等待时机攻击猎物。

巨骨舌鱼

梭鱼

海洋食物链

海洋生物的种类和数量繁富庞大，它们之间的关系错综复杂。食物链可以将生物之间的关系串联起来，让我们对海洋生物有更清晰的了解。

不一样的食物链

并不是所有的动物都遵从着这样的食物链，非得吃自己的下一级生物。有的庞大的动物也会直接吃底层的小动物，如鲸类会直接捕食磷虾和小鱼。

顶级消费者 是海洋霸主，它们几乎没有天敌，能够捕食其他各种鱼类，是食物链的顶端消费者，如鲨鱼。

三级消费者 是一种大型的海洋肉食性动物，游泳和狩猎能力较强，能够捕食海洋中的一般鱼类，主要栖息在深海之中。

二级消费者 是一种肉食性动物，生活区域不局限于海洋上层。它们的体形虽然较小，但能够消化小型的甲壳类生物。

初级消费者 是主要以浮游生物为食的贝类、甲壳类等小型生物的幼体，体形比较小，生活在海洋的上层水域中。

初级生产者 海洋中生活着许多能进行光合作用的绿色植物和细菌，它们一起组成了海洋中的初级生产者。

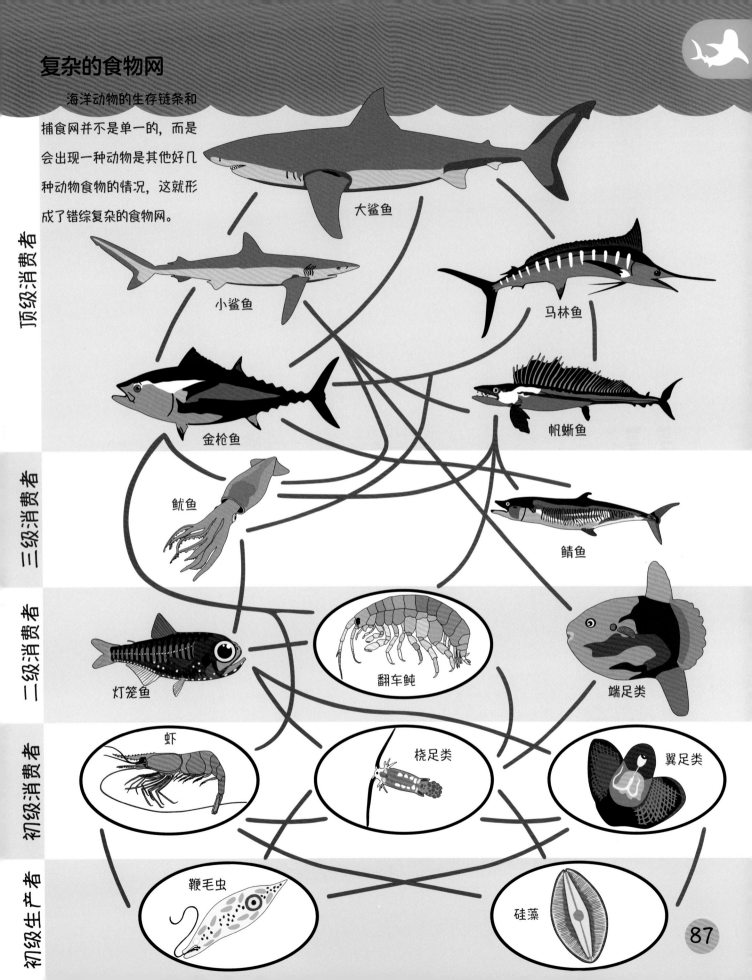

复杂的食物网

海洋动物的生存链条和捕食网并不是单一的，而是会出现一种动物是其他好几种动物食物的情况，这就形成了错综复杂的食物网。

顶级消费者

大鲨鱼

小鲨鱼

马林鱼

金枪鱼

帆蜥鱼

三级消费者

鱿鱼

鲭鱼

二级消费者

灯笼鱼

翻车鲀

端足类

初级消费者

虾

桡足类

翼足类

初级生产者

鞭毛虫

硅藻

滤食动物

海洋中也生活着一些用鳃和牙齿作为滤网，以过滤方式捕食的动物。

沙丁鱼是典型的滤食性海洋脊椎动物，它是一种群居鱼类，当它们聚集时，规模最大可以达到3亿条。

沙丁鱼

鲱鱼

樽海鞘

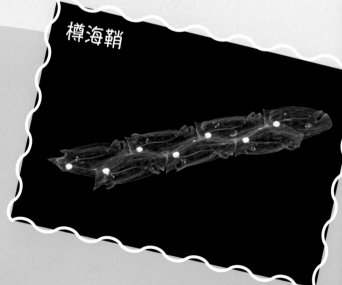

姥鲨

姥鲨是世界上仅次于鲸鲨的第二大鱼类，反应迟钝，游动比较缓慢，主要以浮游生物为食。

鲸鲨

鲸鲨是海洋中的大型鱼类，一般身长 9 米至 12 米，最长可达 20 米左右。主要以浮游生物、磷虾以及巨大的藻类等为食。

座头鲸嘴边有二三十个肿瘤状的凸起，每个凸起处都长有一根毛。

座头鲸

座头鲸的名字来源于它向上拱起的背部形状。因为它的胸鳍像鸟翼，又被称为"大翼鲸"。

奇怪的鱼

在海洋中生活着成千上万的鱼类，其中有一些长相比较奇特的鱼。

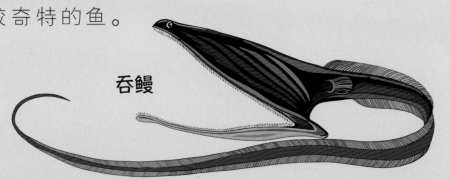

吞鳗

尖牙鱼

红狮子鱼

豪猪鱼

不要碰我，我全身都长满了毒刺。

矛尾翻车鲀　　翻车鱼

你也可以叫我"月鱼"或者"太阳鱼"。

白斑河豚

会发电的鱼

海洋中生活着一些会放电的鱼，它们既可以通过这种能力保护自己，也可以借此猎食。

电鳐的外貌

电鳐的眼睛很小，上鼻瓣较长，可以垂到下嘴唇，它的头部与身体可以形成一个圆盘。

怎么发电？

电鳐尾部是由数千枚肌肉薄片组成的，每枚肌肉薄片都能产生150毫伏左右的电压，合在一起就能产生很高的电压。

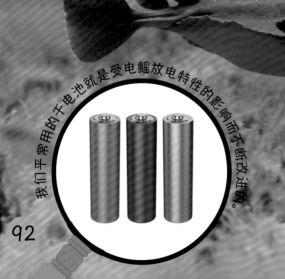

我们平常用的干电池就是受电鳐放电特性的影响而不断改进的。

在古希腊罗马时代，医生还利用正在放电的电鳐治疗患有风湿和癫狂的病人。

电鳗

电鳗是世界上放电能力最强的淡水鱼，有"水中高压线"的称誉。

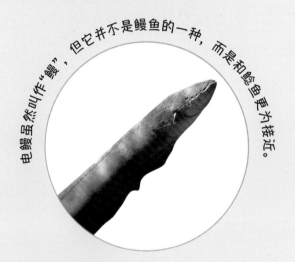

电鳗虽然叫作"鳗"，但它并不是鳗鱼的一种，而是和鲶鱼更为接近。

外形

电鳗是一种长体鱼类，没有鱼鳞，身体呈圆柱形。

臀鳍较长，跨越了整个身体，和尾鳍相连。

没有背鳍和尾鳍。

小小的胸鳍。

电鳗喜好在夜间捕食，主要猎捕水生昆虫、小鱼和虾蟹等甲壳动物。

电鲶

电鲶是一种比较凶猛、怕光的鱼类，夜间活动较为频繁。

电鲶的外形与鲶鱼相像，身体呈圆筒形，表面有深色的斑点。它的眼睛较小，没有背鳍和鱼鳞。

旗鱼

　　著名作家海明威在《老人与海》中写到，老人最后捕到了一条大鱼，它就是马林鱼。马林鱼是旗鱼科的一种俗称。

在世界吉尼斯纪录中，旗鱼是游泳最快的海洋动物，最快时可以达到每小时游行 190 千米。

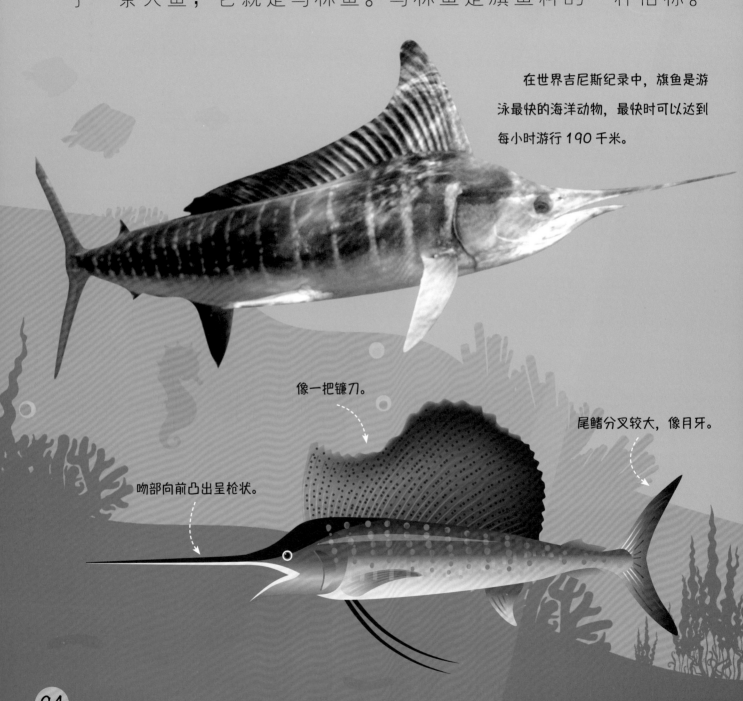

像一把镰刀。

尾鳍分叉较大，像月牙。

吻部向前凸出呈枪状。

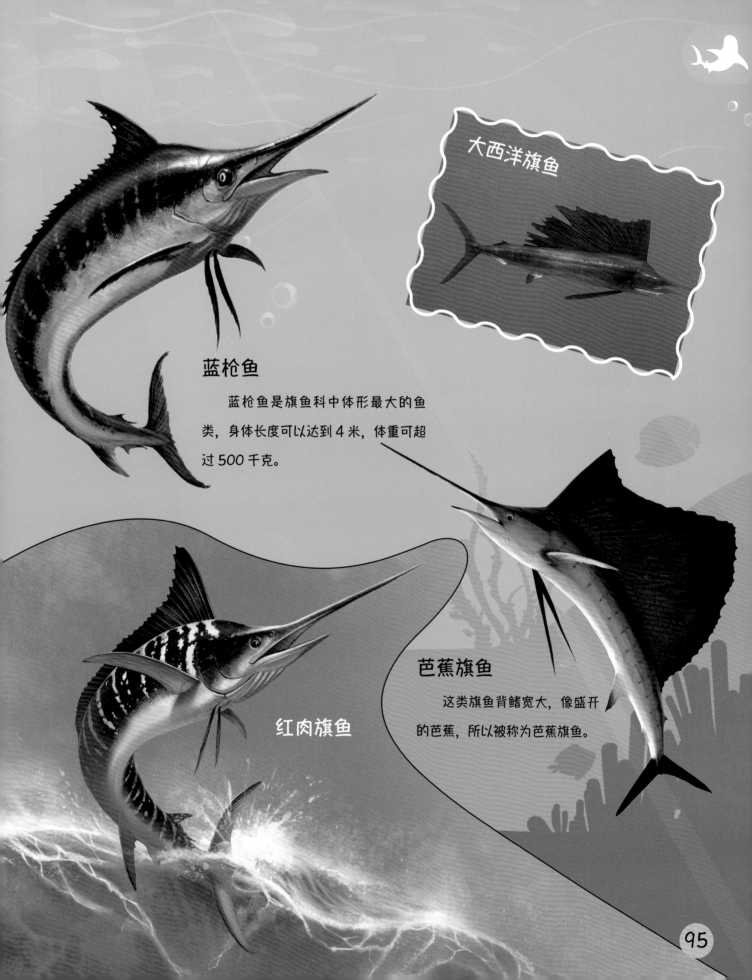

大西洋旗鱼

蓝枪鱼

蓝枪鱼是旗鱼科中体形最大的鱼类，身体长度可以达到4米，体重可超过500千克。

芭蕉旗鱼

这类旗鱼背鳍宽大，像盛开的芭蕉，所以被称为芭蕉旗鱼。

红肉旗鱼

鲨鱼

鲨鱼是海洋中最凶猛的鱼类之一，被称为"海中狼"。它们出现在地球上的时间比恐龙还要早3亿年。

鲨鱼的牙齿非常锋利。

鲨鱼的身体颜色是暗灰色的，而且表面的鳞片呈牙齿状，皮肤十分粗糙。

虎鲨

虎鲨体形粗短，头部较高，眼睛较小。

它的牙齿十分锋利，并且永远不会掉光，前面的牙齿掉落，后面的牙齿就会补上去。

狐形长尾鲨

你看到我的外貌后能明白
我名字的由来吗?

双髻鲨

柠檬鲨

铰口鲨

鲨鱼的药用价值

鲨鱼体内含有多种抗肿瘤的成分,此外
它还可以抗炎症、抗病毒、治疗听觉疾病等。

有趣的海洋动物

海洋中有许多很有趣的动物，它们的外貌和行为都有着自己与众不同的特点。

长鸟嘴的鱼

鹦鹉鱼是一种热带鱼，主要生活在珊瑚礁中，因嘴巴和牙齿长得与鹦鹉相像且色彩鲜艳而被叫作鹦鹉鱼。

"会爬树"的鱼

弹涂鱼又被称为跳跳鱼，它们能够爬到树干上，用腹鳍抓住树木，用胸鳍往上爬。

草海龙

草海龙身上具有海带状的附属物，这可以帮助它们伪装成海藻，躲避敌人。

强力黏合剂

藤壶可以分泌出一种含有多种生化成分和具有黏合力的胶质，所以它有很强的黏附能力。

海兔

海兔是一种贝类，也被叫作海蛞蝓。它具有超强的伪装避敌能力，吃哪种颜色的海藻就能变成哪种颜色。

我的眼睛都长在一边。

比目鱼

"提灯笼"的鱼

鮟鱇鱼又称琵琶鱼，它的头部有个像小灯笼一样的肉状球，肉状球中含有一种会发光的光素。

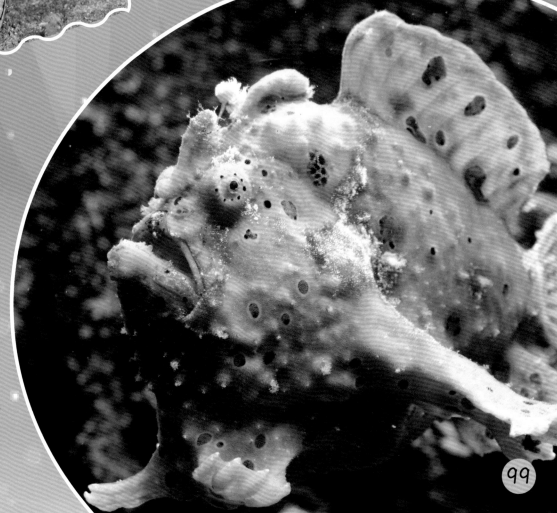

美丽的海洋动物

在海洋中生活着许多美丽的动物，它们共同构建了绚丽的海洋景观。

地球上大约有 550 种海羽星。

乌贼

当乌贼遇到敌人时，会通过向其喷墨而逃离，所以也被称为"墨鱼"。

海羽星

海羽星是一种可以自由移动的海百合，具有很强的再生能力，断掉的腕足都可以再生长出来。

乌贼不属于鱼类，同样不属于鱼类的还有鱿鱼和章鱼。

海胆

海胆有规则形的球形海胆，也有非规则形的海胆。

黄塘鱼

巨型黄貂鱼

巨型黄貂鱼是世界上已知的最大的淡水鱼类。

皇帝神仙鱼

濒危的海洋动物

虽然海洋中生活着许多动物，但有的在人类的肆意捕杀以及动物自身原因的影响下已经渐渐走向了灭绝。

苏眉鱼

苏眉鱼也被称为拿破仑鲷，在2016年，它的存活数量不到十万条。

锯鳐

锯鳐的生长速度缓慢，而且加上人类的捕杀和环境的污染，它们的数量急剧减少，欧洲海域已经没有锯鳐的身影了。

我是夜猫子，晚上捕食，白天休息。

鹦鹉螺

鹦鹉螺的外壳是螺旋状的，表面十分光滑，它的形状像鹦鹉的嘴巴，所以被称为鹦鹉螺。

矛尾鱼

矛尾鱼是总鳍鱼类中唯一还生存着的鱼，是一种专吃乌贼和鱼类的肉食性动物。

海牛

人为捕杀是海牛濒临灭绝的根本原因，再加上水质污染等原因，海牛的数量正在逐渐减少。

我被称为"海上大熊猫"。

中华白海豚

红脚鲣鸟

扬子鳄

湾鳄

危险的海洋动物

在海洋中生存并不是一件容易的事，所以有些动物努力练就自己独特的防身本领，这也使它们极具危险性。

你不要把我和海鳝搞混哦！

海鳗

蓑鲉

我身上的刺是我保护自己的武器。

河豚

海鳝

鸡心螺

蓝环章鱼

火刺虫

火珊瑚

药用海洋生物

海洋中的生物不仅可以观赏、食用，有的还是人们治病的良药。

海蜇

可以治疗肺热咳嗽、哮喘、高血压等疾病。

我是贝类，不是鱼。

鲍鱼

产出的珍珠可以治疗眼疾和皮肤疾病等。

鲟鱼

可以活血、益气、补虚。

珠蚌

海带含有大量的膳食纤维，可以降低胆固醇和血糖。

海带

牡蛎

牡蛎的肉中含有大量的糖原，可以促进细胞新陈代谢，改善血液循环。

扇贝晒干后可以作为一味中药，具有抗癌、软化血管等功效。

扇贝

鳕鱼

鱼肉可以活血祛瘀，鱼鳔补血止血。

海洋哺乳动物

　　不仅陆地上和天空中有哺乳动物，海洋里也有许多。海洋哺乳动物也被称为海兽，是一种长时间生活在海里或者依靠海洋资源生活的哺乳动物。

什么是海洋哺乳动物

海洋哺乳动物是由陆地哺乳动物进化而来的，它们有着相似的一面，也有不同。

海洋哺乳动物是胎生哺乳、体温恒定，不过它们用肺呼吸、前肢进化为鳍状，也被称为海兽。

海马是一种刺鱼目小型鱼的统称，头部弯曲与身体约呈一个直角，和马头相似。

海牛外形和小鲸相像，体形较大，平均可达到 3 米左右。

白鲸主要生活在靠近海面的水域，具有较强的潜水能力。

海洋哺乳动物与陆地哺乳动物的区别

1. 海洋哺乳动物的前肢进化为鳍，身体呈流线型或纺锤形；而陆地哺乳动物具有四肢，没有鱼鳍。

2. 海洋哺乳动物具有布满全身的较厚皮下脂肪层；陆地哺乳动物只有少数有皮下脂肪层，较薄且分布在特定位置。

3. 海洋哺乳动物鼻孔可以关闭；陆地哺乳动物鼻孔大多一直打开。

我们熟悉的淡水海豚的学名是亚马孙河豚，眼睛小小的，喙部比较凸出。

伪虎鲸

剑吻鲸

海洋之舟

"黑背白肚皮，一副绅士样，两翅当划桨，双脚似鸭蹼。"你知道这个谜语描述的是哪个动物吗？

企鹅是一种海鸟，虽不能飞翔，但在海里游泳时时速可达到25至30千米，因此有"海洋之舟"的美称。

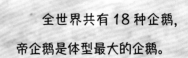

全世界共有18种企鹅，帝企鹅是体型最大的企鹅。

洪堡企鹅

黄眉企鹅

是在头上或者眼睛上有彩色羽毛的企鹅。

王企鹅

是企鹅中最漂亮、最温和、最优美的企鹅，它的体型仅仅比帝企鹅小一些。

斑嘴环企鹅

大家好，我们是企鹅家族中游泳最快的选手！

巴布亚企鹅

海洋中的精灵

海豚是一种高度社会化的动物，智商也非常高，会做出一些很有趣的集体行为。

海豚大脑的两半球可以交替工作，即使在睡眠状态下也能保持足够的活动。

我可以一直游动，不需要休息！

海豚被称为"海洋精灵"，体形最长的海豚可达 10 米，最重的海豚可达 7000 千克。

海豚听觉器官灵敏，咽喉部能发出高分贝声音，甚至可以用声音击晕猎物。

海豚性格活泼、温顺，很喜欢与人亲近，有时还会与人亲吻。

白海豚

宽吻海豚

海豚是表演艺术家，它能够表演各种精彩的节目。

灰鲭鲨

灰鲭鲨是一种性情十分凶猛，攻击性较强的鲨鱼。

灰鲭鲨最长可达 4 米，
最重可达 570 千克。

它是游泳速度最快的鲨鱼，速
度可以达到每小时 56 千米。

它全身的颜色是不一的，上身是金属蓝色，下身是雪白色。

长长的锥形鼻。

月牙形的尾鳍。

灰鲭鲨不仅捕食金枪鱼、旗鱼等鱼类，还会攻击其他鲨鱼，有时甚至还会伤害附近的渔民。

抹香鲸

抹香鲸具有超强的潜水能力，是潜水时间最长的海洋哺乳动物。

抹香鲸没有背鳍，是体型最大的一种齿鲸。

尾巴小小的，使它整体看来就像是一个大蝌蚪一样。

抹香鲸的头部既大又重，堪称动物界中最大的头，它的头骨占了全身的1/3。

它的下颌较小，而且只有下颌长有牙齿。

抹香鲸背面的皮肤为深灰色或接近暗黑色。

抹香鲸肠内可分泌出一种名为"龙涎香"的分泌物，是一味名贵的中药，可用于治疗心腹疼痛、咳喘等疾病。

抹香鲸主要捕食大型乌贼、章鱼以及鱼类。

抹香鲸主要生活在不结冰的海洋中，从赤道到两极的不结冰海域都有它们的身影。

大白鲨

　　大白鲨也被叫作"噬人鲨"，是一种大型的具有猛烈进攻性的鲨鱼，是海洋中的顶端消费者。

它们主要捕食鱼类、海龟、海豹、海狮等，也会吃海豚和鲸鱼的尸体。

大白鲨一般呈淡蓝色、灰色或者淡褐色。

大白鲨的头部可以直立于水面之上，这使它们更便于捕捉猎物。

大白鲨的牙是三角形的，约有 10 厘米长。

它的尾巴像弯弯的月亮。

大白鲨可以根据动物身体产生的电流判断它们的大小，还能嗅到被稀释过的远在一千米外的血腥味。

超级大的蓝鲸

蓝鲸是海洋中的巨人，刚出生的蓝鲸的体重就要超过一头成年大象的体重了。

蓝鲸的体形像一把剃刀，因此又被称为"剃刀鲸"。

蓝鲸的舌头上可以站50个人，心脏的大小像一辆小汽车，一头成年蓝鲸的体重与30头非洲大象差不多。

蓝鲸通常白天在深海中觅食，晚上到水面觅食，主要食物是磷虾等浮游生物。

蓝鲸是世界上声音最大的动物，声音有时能够超过 180 分贝。

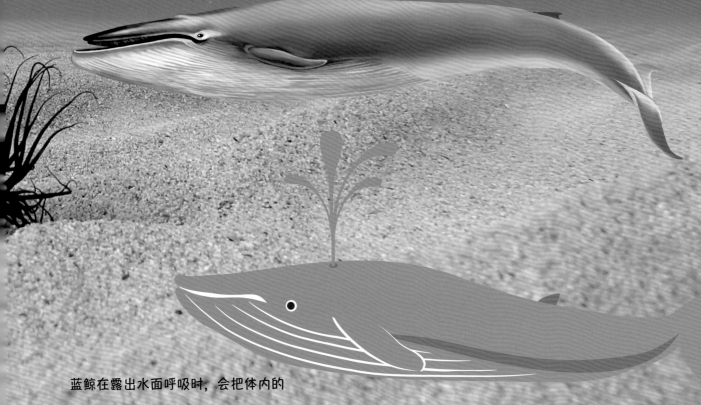

蓝鲸在露出水面呼吸时，会把体内的二氧化碳连带着海水一起排出体外，形成 10 米多高的喷泉，被称为"喷潮"。

虎鲸

凶猛的鲨鱼也是有天敌的，它们最害怕的动物就是虎鲸。

虎鲸的鼻孔十分灵活，当它浮到水面呼吸时，它的鼻孔会喷出气雾，这些气雾遇到冷空气就会变成水柱。

虎鲸是一种大型的齿鲸，性情非常凶猛，擅长狩猎。

虎鲸的背鳍十分强大，高度可达1.5米。它既是虎鲸游行的掌舵，也是进攻的武器。

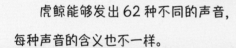

虎鲸能够发出62种不同的声音，每种声音的含义也不一样。

你知道吗？

在野外生长的虎鲸的寿命与人类差不多，可以活到八九十岁。但被人类圈养起来的虎鲸的寿命只有二三十年。

虎鲸的嘴巴非常大，可以将海狮一口吞下，牙齿也很锋利。

海豹

　　海豹的分布区域十分广泛，其中在南极海域生活的海豹数量最多。

海豹的前脚比后脚短，游泳时大都靠后脚，在陆地上活动时总是拖着后体挪行。

杂耍的海豹

港海豹

象海豹

港海豹的鳍很短，没有耳廓，头部较大且呈圆型，吻部呈"V"状，而且身上都有独特的斑纹或者斑点。

象海豹是大型海豹，雄性象海豹最长可达6米。

竖琴海豹

竖琴海豹主要生活在寒冷的极地地区，是一种十分耐寒的海豹。

食蟹海豹

海象

　　海象是一种主要生活在北极海域，身体比较笨重、肥胖的海洋哺乳动物。

海象是一种群居动物，每群有几十只、几百只到几千只不等，它们在休息时会留下一只海象放哨。

海象不能直立行走，也没有陆象那样长长的鼻子。

一般雄性海象的獠牙较长，最长可达100厘米，雌性海象的獠牙一般不足50厘米。

海象只有靠着鳍和獠牙的共同作用才能在冰上前行。

海象的皮肤多皱且较厚，厚度最大可达5厘米，皮下的脂肪可达15厘米。

海象的天敌

北极熊和虎鲸都是海象的天敌，北极熊主要捕食海象的幼崽。当海象在水中与虎鲸相遇时，海象会奋力逃上岸，让虎鲸无法继续追击。

在浮冰上休息的海象。

海狮

海狮是一种高度社会化的动物，性情比较温顺。科学家还利用它们喜欢磷虾的特点让它们担任"特约科学员"，借此观察磷虾的成长变化。

海狮体型小，一般不超过2米，海狮幼崽刚出生时体长为100厘米左右。

北海狮

北海狮在海狮中属于体型较大的，雄性北海狮体长可达310至350厘米，体重为1000千克左右。

南美海狮

澳大利亚海狮

加拉帕戈斯群岛海狮

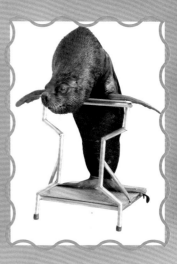

海狗

海狗的名字来源于它的外形，因长得像狗，所以被称为海狗。

海狗也被称为"毛皮海狮"，因为它和海狮长得相像，且身体表面又有很多毛发。

海狗的胃中常常发现有石块，生物学家认为这些石块是海狗用来磨碎食物的，因为海狗无法咀嚼食物。

海狗白天在海洋中玩耍，晚上在岸上休息，一般在傍晚的时候捕食。

新西兰海狗也被称为长鼻子海狗。

南极海狗

你知道吗？

海狗被世界野生动物保护协会列为濒危动物，除南非的纳米比亚得到联合国授权后可以合理捕杀海狗外，其他任何国家都不得违法捕杀海狗。

传说中的美人鱼

我们小时候都听说过小美人鱼的故事，但实际上海洋中的美人鱼是一种叫作儒艮的动物。

因为雌性儒艮常头顶海草抱着幼崽在海边哺乳，所以被误认为美人鱼。

灰白色的皮肤

儒艮也被叫作海牛，外貌与牛有些相像。它的头大大的，眼睛小小的，上颌向下弯曲。

儒艮性情温和，行动较为缓慢，经常昏睡，以海底植物为食。

因为儒艮全身都是宝，所以人类在几千年前就开始大肆捕杀它们，如今数量极为稀少。

最小的海洋哺乳动物

最小的海洋哺乳动物是一种和鼹鼠长得很像的动物，它的名字叫作海獭。

海獭与黄鼠狼同属于鼬科动物，有长长的尾巴。

海獭的嗅觉灵敏，可以嗅到几千米以外的味道。

海獭前肢短，后肢长，趾间有鳍状的蹼，能够在海里快速地游泳。

海獭的毛发非常旺盛，1平方厘米皮肤上的毛发比人类全部的头发数量还要多。

海獭的休憩方式也十分独特，除少数爬上岸在岩石上睡觉外，大部分都在海面枕着海水睡觉。

加利福尼亚海獭

海鸟

　　海鸟种类繁多，仅中国境内就有180多种，如小军舰鸟、白鹭、红喉潜鸟、信天翁等。海鸟较其他鸟类而言更为长寿。

信天翁

　　信天翁性情十分驯顺，因此又被称为"笨鸟"。它们十分擅长滑翔，翅膀就像机翼一样。

海鸥

　　海鸥是海港清洁工，能够捡拾游客丢弃的残食剩饭，保护海洋环境。

黑眉信天翁

　　黑眉信天翁是分布最广泛最普遍的信天翁，它们的平均寿命大约是23岁，最长寿的可以超过70岁。

大西洋海雀

　　大西洋海雀虽是一种海鸟，但它极为擅长游泳。它在岸上站立时与企鹅相似。

小军舰鸟

红喉潜鸟

白鹭

北极海鹦

蓝脚鲣鸟

海洋和人类

　　海洋是人类重要的家园，也是人类文明的发源地之一。海洋中不仅有人类的好朋友，也具有丰富的资源，我们应该减少对海洋的破坏，保护好海洋世界。

海洋文明

人类的生活是一只脚踏着土地，一只脚踩着海洋的，我们与海洋有着密不可分的联系。

经过数亿年的进化发展，出现了原始的水母、海绵、螺类等生命体。

地球上最早的生命是海洋中的原始细胞，以及慢慢发展的原始单细胞藻类。

鱼类大约出现在 4 亿年前，文昌鱼可以被看作是鱼类的祖先。

就这样，随着时间推移与生命体不断进化发展，形成了如今繁荣的海洋世界。

海洋能调节气候，在营造适宜生命生活的环境方面发挥着重要的作用。

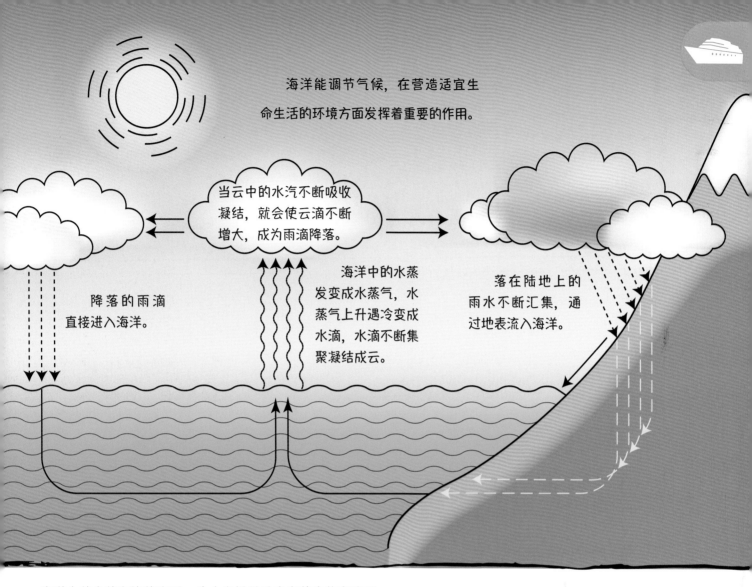

当云中的水汽不断吸收凝结，就会使云滴不断增大，成为雨滴降落。

降落的雨滴直接进入海洋。

海洋中的水蒸发变成水蒸气，水蒸气上升遇冷变成水滴，水滴不断集聚凝结成云。

落在陆地上的雨水不断汇集，通过地表流入海洋。

海洋中蕴含着富饶的资源，为人类提供了丰富的食物和资源。

关于海洋的探险

随着生活水平不断提高，科学技术不断发展，人们渐渐地将探索的方向转向海洋。

维京海盗

自公元 8 世纪开始，维京海盗就在扰乱欧洲海域，对过往船只进行抢劫。

他们也进行了一定的探索，发现了冰岛和格陵兰岛，到达了北美和里海。

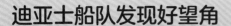

迪亚士船队发现好望角

巴尔托洛梅乌·迪亚士在 15 世纪 80 年代的航海过程中发现了好望角，打通了大西洋与印度洋之间的往来通道，也为达·伽马的航海奠定了基础。

迪亚士船队航行的目的是寻找非洲大陆的最南端，开辟一条前往东方的新航线。

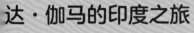

达·伽马的印度之旅

瓦斯科·达·伽马在葡萄牙国王的差遣下于 1497 年带领船队寻找通向印度的航路，1498 年秋离开印度，返回里斯本。

达·伽马探索了一条绕过"好望角"通往印度的航线，他的印度之旅为欧亚贸易的发展奠定了良好的基础。

伟大的航海家

世界历史上有许多位英勇的航海家，正是因为他们的存在，我们才能更进一步地认识海洋。

郑和

据科学记载，中国伟大的航海家郑和是世界上第一位航海家，是人类探索海洋历史的伟大先驱。

郑和的船队一共下西洋七次，历经国家和地区三十多个，对中国航海事业的发展具有重要意义。

哥伦布

意大利航海家克里斯多弗·哥伦布在意大利女王的支持下开展航海行动，并于 1492 年发现了新大陆。

哥伦布到达的不是印度，而是一个不为多数人所知的大陆——阿美利加州。他也并不是最早发现美洲大陆的人，但他的发现带来了欧洲与美洲的持续交流。

麦哲伦

葡萄牙航海家斐迪南·麦哲伦在西班牙国王的支持下，带领其船队从 1519 年开始航行，到 1522 年结束。

麦哲伦船队完成了人类首次的环球航行，并在航海过程中为太平洋命名。

历史上的海难

海洋给人类带来的并不总是欢乐和财富，它也会无情地夺走人类的生命。

1912 年，"泰坦尼克"号轮船因撞上冰山，导致 1500 多人遇难。

"泰坦尼克"号曾被称为"永不沉没"的轮船，但在它的处女航行中便与冰山相撞，结束了它的生命。"泰坦尼克"号轮船是当时世界上体积最大、装饰最豪华的轮船。

1915 年，被称为"大西洋快犬"的"卢西塔尼亚"号轮船被鱼雷击中，约 1200 名船员和游客都沉入了海洋，不过幸好一部分人员被渔船救起。

1994 年，"爱沙尼亚"号客轮在波罗的海海域沉船，800 多人遇难。

"圣玛利亚号"沉船

1945 年 1 月	"古斯特洛夫"号被鱼雷击中，约 7700 人遇难。
1999 年 11 月	"大舜"号轮船甲板失火、船机失灵导致轮船倾没，造成 290 余人死亡。
2002 年	"乔拉"号因严重超载导致轮船失事，造成 1800 多人死亡。
2006 年 2 月	"萨拉姆 98"号轮船在红海遇难，1000 多人失踪或死亡。
2008 年 6 月	菲律宾"群星公主"号轮船受台风袭击，造成 700 多人遇难。
2014 年 4 月	韩国"岁月"号轮船在西海海域沉没。
2015 年 5 月	"东方之星"客轮遭遇龙卷风，在长江倾覆。

海洋科学

海洋科学是研究海洋、开发利用海洋的一门新兴学科，其领域十分广泛，科学性也很强。

海洋气象学

海洋气象学是一门研究海洋与天气系统的变化，为海洋事业服务的学科。

海洋仪器

在海洋科学技术不断进步的同时，观测仪器也变得越来越精确，越来越先进，如"回声探深"技术、浮标观测等。

声呐技术捕鱼

（采用频率，宽、窄波束覆盖。）

低频率（50 千赫）

高频率（200 千赫）

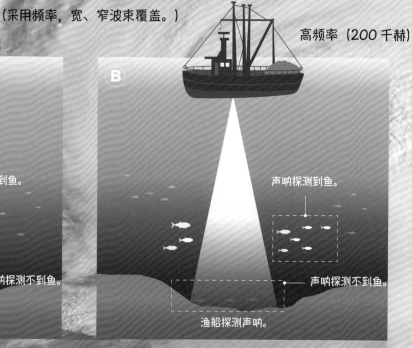

A. 宽波束传感器（50 千赫）覆盖面积大，但只能提供较少的底部细节。

B. 窄波束传感器（200 千赫）覆盖面积小，但提供了较高的底部清晰度。

海洋气象学又可以分为航海气象学、渔业气象学、盐业气象学和港湾气象学这四个分支。

海洋地质学

海洋地质学是研究海底地形、海底构造、海洋矿产资源等内容的学科，是地质学的分支。

海洋中有着丰富的矿产资源，资源开发技术也在不断进步，为人类勘测、开采海洋资源提供了科学技术指导。

在对海洋地貌的研究中发现，海底有大陆边缘、大洋盆地和大洋中脊这三个最主要的地形单元。

开发的海洋空间

随着世界人口不断增加，交通拥堵、人口拥挤等问题也愈加明显，所以人们把目光投向海洋空间的开发。

跨海大桥

瓦斯科·达·伽马大桥是葡萄牙政府为了缓解交通拥堵情况所建，于 1998 年 3 月正式通航。为了纪念航海家瓦斯科·达·伽马开通航路 500 周年而以此命名。

科罗纳多大桥是加州四大名桥之一，桥长 3407 米，于 1969 年 8 月正式通车。

星海湾大桥全长约 6 千米，于 2015 年 10 月 30 日开始通车运营。

海底隧道

海底隧道可以分为海底表面隧道和海底地层之下隧道两种类型，比较有名的海底隧道有英吉利海峡隧道和日本青函隧道等。

人工岛

珠澳口岸人工岛是港珠澳大桥中填海面积最大的人工岛，是一个集交通、观光、服务和救援功能为一体的综合运营中心。

朱美拉棕榈岛建立在迪拜海岸上，岛上建有1万多所公寓和1.2万栋私人住宅，可容纳6万名居民。

东海大桥建于2002年，2003年江泽民主席为其题名，2005年12月10日正式运营通车。

潜水的发展

人类潜水技术的发展由来已久，早在公元前 4 世纪，亚里士多德就曾记载过用海绵制成的小型潜水钟。随着技术的发展，潜水技术及装备也越来越完善，潜水种类也越来越多样化。

有人潜水是指潜水员身着潜水服，直接进入海洋里潜水。

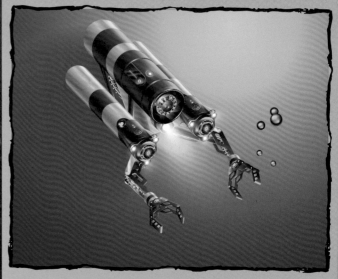

无人潜水是指依靠遥控的仪器进行水下勘察，潜水员不进入水底。

人类潜入海洋，不仅是为了玩乐和满足自己的好奇心，更是对海洋世界的探寻。对海洋古物和故址发掘，让人们更加了解地球的过去。

水肺潜水是指潜水员携带呼吸管、蛙鞋等潜水设备进行潜水。

自由潜水是指不携带呼吸设备，仅通过自身呼吸调节进行潜水活动，这类潜水活动以娱乐、体验为主。

海洋的矿产资源

在海洋中不仅有海盐、贵重的金属和各种珍贵的矿物质，也有建筑工业所需的砾石等资源。

海洋矿产资源的形成

海洋中的矿产资源有的来源于海水冲积、海风搬运等带来的陆地沉积物，也有的是由于海底热泉喷发以及化学作用等形成的大量矿物质。

棉花堡是指它的石灰岩洁白得像一团棉花，而且是由一层层的山坡构成的，就像一个城堡一样。

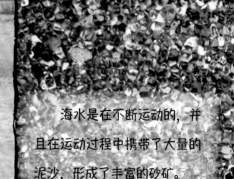

土耳其棉花堡是由流水带来的大量碳酸盐矿物质，以及地下温泉水不断涌出带来的大量矿物质钙化而成的。

海水是在不断运动的，并且在运动过程中携带了大量的泥沙，形成了丰富的砂矿。

海水含盐度较高，经过提炼之后，会得到大量的食用盐和工业盐。

海洋中有许多重要的矿石，发射火箭用的金红石、核潜艇所用的锆英石等都在海洋之中。

海洋的能源

在海洋中蕴含着大量的能源，对人类的生存和发展都具有巨大的作用。

海洋石气资源

海底中蕴藏着丰富的石油和天然气，是人们开采资源的重要区域。

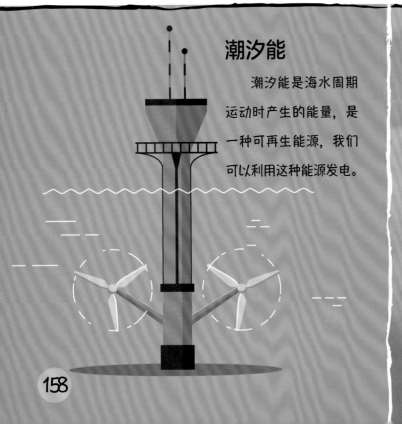

潮汐能

潮汐能是海水周期运动时产生的能量，是一种可再生能源，我们可以利用这种能源发电。

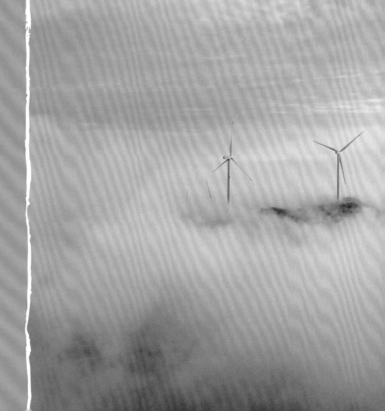

海洋波浪能

　　海水能够产生丰富的波浪，形成波浪能。这是一种易于直接利用的可再生能源。

海洋风能

　　海洋风能可以转化成电能进行发电，是一种清洁环保的可再生能源。

油气资源形成过程

死去的动植物沉入海底。

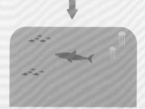

　　被不断堆积的泥浆压在下面，高压和高温又使泥浆变成岩石。

这些残骸变成了化石燃料。

海洋渔业

　　从原始时期开始，人类就已经掌握了捕鱼这项技术。随着时代的进步与发展，人类捕鱼的水平越来越高，渔业的发展也蒸蒸日上。

　　除去原始的用手抓鱼、鱼叉叉鱼等捕鱼方式外，垂钓是现在常用的捕鱼方式，也是人们比较喜欢的一种休闲活动。

　　人们还组成捕鱼船队专门去海洋上捕鱼，有时会在海洋上捕捞几个月。

靠近海岸的村民，经常三五成群或者独自一人驾驶渔船进行捕鱼。

人们除了捕鱼之外，还会进行鱼苗养殖，在人工饲养下保障鱼儿的健康成长。

你知道吗？

北海渔场是由北大西洋暖流与东格陵兰寒流交汇形成的。

秘鲁渔场是由秘鲁沿岸的上升补偿流形成的。

北海渔场、北海道渔场、纽芬兰渔场和秘鲁渔场是世界四大渔场。

海上贸易

　　海洋贸易一直都是人类经济发展的重要贸易线，也是各国交流往来的重要通道。

　　从渔船到豪华游轮，是人们物质生活水平不断提高的表现。

"伊夫林·马士基"号是世界上目前已经下水的最大的集装箱巨轮，可承重45万吨。船长397.7米，比世界最大的航空母舰还要长60多米。

海上丝绸之路在我国商周时期就已经萌芽，是古代中国与外国进行贸易往来以及文流交往的海上道路。

繁荣的贸易港

海洋运输现在是国际物流中最主要的一种运输方式，使用也最为广泛。

海洋贸易虽在不断发展繁荣，但它也面临着一些危险，例如海盗的抢劫等。

可怕的海洋灾害

受天气系统和地质活动等因素的影响，海洋也会发生可怕的灾害。

日本是地震海啸发生次数较多、受害较严重的国家之一。

海啸

海啸是由火山爆发、海底地震或海上风暴引起的海水剧烈波动。

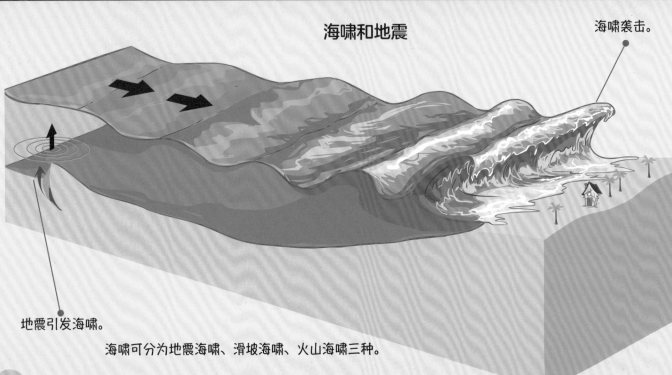

海啸和地震

海啸袭击。

地震引发海啸。

海啸可分为地震海啸、滑坡海啸、火山海啸三种。

风暴潮

当发生强风或暴雨等天气异变时，会引起海平面的异常变化，对人类造成极大的危害。

温带风暴潮主要发生在春秋季节，降水过程相对平缓。台风风暴潮主要发生在夏秋季节，来势迅猛，强度大，破坏力强。

风暴潮根据起因的不同可分为温带风暴潮和台风风暴潮。

赤潮

赤潮是海洋中浮游生物繁殖过多引发的自然灾害。

赤潮并不都是红色的，海水中不同的浮游生物造成海水的不同颜色，赤潮只是发生的各种潮的俗称。

气候变化的影响

近年来由于全球变暖，导致冰川大量融化，海平面不断上升，对海洋生物与人类生活都造成了很大的影响。

瓦特纳冰川是欧洲最大的冰川，现在已经慢慢融化了。

冰层面积的不断减小给两极地区的动物带来了巨大的影响。

全球变暖会带来大规模的降雨与干旱，并引发频繁的风暴活动。

请阻止全球变暖，保护我们的家园！

Stop Global Warming!

海水温度升高会导致珊瑚礁白化死亡。

融化的地球

海平面上升会逐渐淹没附近的岛屿和沿海城市。

海洋危机

由于人类的过度开发、捕捞，以及乱丢废弃物，海洋生态环境遭到了严重破坏。不仅海洋面临着严重的危机，许多海洋生物也面临着危险。

现在海洋中不仅有美丽的海洋生物，也漂浮着不少垃圾。

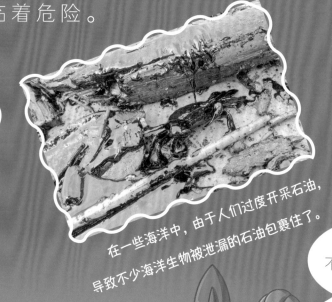

在一些海洋中，由于人们过度开采石油，导致不少海洋生物被泄漏的石油包裹住了。

不要过度开采

你知道每年有多少海洋动物因为误食垃圾袋，呼吸道被堵住而死亡吗？

有些海岸商业化气息太过浓厚，为了吸引游客赚取利润，海岸被过度开发，修建了大量度假村。

由于工业废水和化学药品的乱排乱放，海水被严重污染，有的海域甚至散发出阵阵恶臭。

对我们来说只是随手扔了一点垃圾，却不知道这可能会对海洋动物产生致命威胁。

保护海洋

海洋是人类美好的乐园，更是海洋生物赖以生存的家园，我们的生存和发展都离不开海洋。保护海洋人人有责，刻不容缓。

建设海洋保护区

设立海洋保护区，在保护区内禁止捕捞，禁止破坏海洋生态环境，保护鱼类健康生长。

提高污水排放标准

工业废水、污水净化后再排放，使海水保持洁净。

合理开发海洋

虽然海洋资源丰富，但我们应该合理开发利用，不能过度开发，破坏海洋生态环境。

禁止乱丢垃圾

保护海洋环境是我们每个人义不容辞的责任，不乱扔垃圾，尽自己所能捡垃圾，重建美好的海洋世界。

图书在版编目（CIP）数据

海洋那些重要的事 / 蒋庆利主编 . -- 长春 : 吉林
出版集团股份有限公司 , 2020.10（2022.10 重印）

ISBN 978-7-5581-9209-8

Ⅰ . ①海… Ⅱ . ①蒋… Ⅲ . ①动物—儿童读物
Ⅳ . ① P7-49

中国版本图书馆 CIP 数据核字（2020）第 186062 号

HAIYANG NAXIE ZHONGYAO DE SHI

海洋那些重要的事

主　　编：蒋庆利
责任编辑：朱万军　田　璐　张婷婷
封面设计：宋海峰
出　　版：吉林出版集团股份有限公司
发　　行：吉林出版集团青少年书刊发行有限公司
地　　址：吉林省长春市福祉大街 5788 号
邮政编码：130118
电　　话：0431-81629808
印　　刷：鸿鹄（唐山）印务有限公司
版　　次：2020 年 10 月第 1 版
印　　次：2022 年 10 月第 2 次印刷
开　　本：889mm×1194mm　1/16
印　　张：11
字　　数：138 千字
书　　号：ISBN 978-7-5581-9209-8
定　　价：128.00 元